JN273897

科学のアルバム
かがやくいのち

# ミミズ
──土をつくる生き物──

皆越ようせい

監修／中村好男

あかね書房

# 科学のアルバム かがやくいのち ミミズ 土をつくる生き物 もくじ

## 第1章 土をたがやすミミズ ── 4

足の下にはたくさんのミミズがいるよ ── 6
強い日ざしはきらい ── 8
トンネルをほって進む ── 10
体をのびちぢみさせて進む ── 12
土だってたべる ── 14
たべたら、ふんをする ── 16
土になるふん ── 18
植物が育ちやすい土 ── 20

## 第2章 土をつくる生き物 ── 22

落ち葉が土になっていく ── 24
落ち葉や死んだ生き物をたべる ── 26
土の中の生き物のつながり ── 28
鳥や虫にたべられる ── 30

## 第3章 ミミズのくらし ── 32

皮ふから呼吸をする ── 34
オスにもメスにもなれる ── 36
卵をカプセルに入れる ── 38
ミミズの卵 ── 40
ミミズの赤ちゃんが生まれた ── 42
ちぎれてふえるミミズ ── 44
つながっていくいのち ── 46

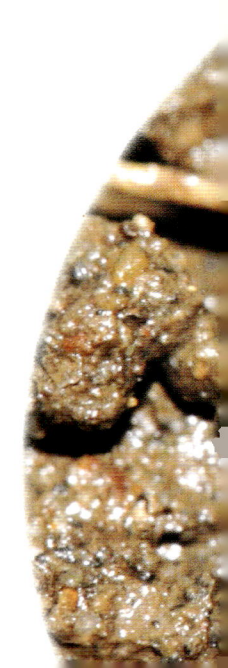

## みてみよう・やってみよう ── 48

- ミミズをさがそう ── 48
- シマミミズを飼ってみよう ── 50
- ミミズコンポストをつくろう ── 52
- ミミズを調べてみよう ── 54
- ミミズの体 ── 56

## かがやくいのち図鑑 ── 58

- フトミミズのなかま ── 58
- そのほかのミミズのなかま ── 60

さくいん ── 62
この本で使っていることばの意味 ── 63

### 皆越ようせい

日本写真家協会会員・日本自然科学写真協会会員。日本土壌動物学会会員。1943年熊本県生まれ。ダンゴムシをはじめ、ダニ、ヤスデ、ミミズなど、土壌動物の生態写真を撮りつづけている。博物館や科学館などでの生態写真の展示や、各地の保育園、幼稚園、小学校から大学、一般に土壌動物についてスライド講演も重ねている。『土の中の小さな生き物ハンドブック』（文一総合出版）、『うみのダンゴムシやまのダンゴムシ』（岩崎書店）、『ダンゴムシ─落ち葉の下の生き物』（あかね書房）など、多数の著書がある。

●

土の中や落ち葉の下にすんでいるミミズは、体のまわりに人のつめのようなかたい剛毛をもっています。ミミズが動かないときは、剛毛は体の内側に入っていますが、ミミズが動きはじめようとするとその剛毛が体の外につき出され、「すべりどめ」のはたらきをします。
地面をはうミミズの剛毛を何度か撮影しましたが、これまで納得できる写真は1まいもありませんでした。地面をはっているミミズをみるたび、剛毛のことが気になっていました。ところが今回、その思いが1まいの紙の上でかないました。体をのびちぢみさせながら前進するミミズの腹面に、数十本の針のような剛毛が、紙の表面をつきさすように立ったのです。ミミズの動きに合わせて夢中で撮影しました。それが13ページにのっている写真です。

### 中村好男

1942年、静岡県浜松市生まれ。北海道大学大学院農学研究科博士課程修了。農学博士。専門は、ミミズ類の分類と土壌圏活用型農法の提唱。現在、愛媛大学名誉教授、農業・生物系特定産業技術研究機構フェロー。『ミミズのはたらき』（創森社）などの著書がある。

●

この本には、ふだんみることができないミミズの生活（たべる、ふんをする、尿を出す、動きまわる、死ぬ）と、その生活によって植物の成長を促進する土がつくりだされるようすが記録されています。以前は土のある所ならばどこでもミミズをみることができましたが、いまではめったにミミズのすがたをみることができません。残念なことに、わたしたちの食べ物である野菜などを栽培する畑や、水田、牛の放牧地などでも、急激にミミズの数がへってしまいました。トラクターなどの機械をつかうことで、ミミズの家（トンネル）がこわされることも、原因のひとつです。ミミズが安心してくらすことができる栽培方法が広まることを願っています。

# 第1章 土をたがやすミミズ

　地面の土は、よくみると小さなつぶがたくさんあつまってできています。そして、つぶがぎゅっとかたまってくっついている場所では、かたい地面になっていて、つぶがゆるくくっついている場所では、ふかふかした地面になっています。このふかふかした地面をつくっているのは、じつは土の中にすんでいるミミズたちです。地上からではよくわかりませんが、地下ではたくさんのミミズが動きまわって、土をふかふかにしているのです。

● 雨がふったつぎの日の朝、河原の地面に出ていたノラクラミミズのこども（幼体）。

## 足の下にはたくさんのミミズがいるよ

　花だんや畑の土をほっているときに、ミミズが出てきてびっくりしたことがありませんか。地面にはそれほど出てきませんが、土の中にはとてもたくさんのミミズがいます。雑木林など、ミミズがたくさんいる場所では、小さなものまでふくめると、1メートル四方の土の下に数万びきから十数万びきのミミズがくらしているといいます。

　ミミズは、地面につもった落ち葉の下や、地面から1メートルくらいの深さの場所に多くいます。種類や季節によって、すむ場所や深さがちがっています。地表近くにすむ種類は、地面に出てくることもあります。また、川やぬま、田んぼや、海岸にすむ種類もいます。

▲ つもった落ち葉の下にいたミミズ。大きくて横じまが目立つのがフトスジミミズ、横じまが目立たないのがヒトツモンミミズ、小さいのがハタケミミズです。

▲ 土の中にいるミミズのようす。体をのびちぢみさせるようにして（ぜん動運動といいます。12ページ）、土の中を進みます。写真は養殖されているシマミミズの養殖床の中を撮影したものです。

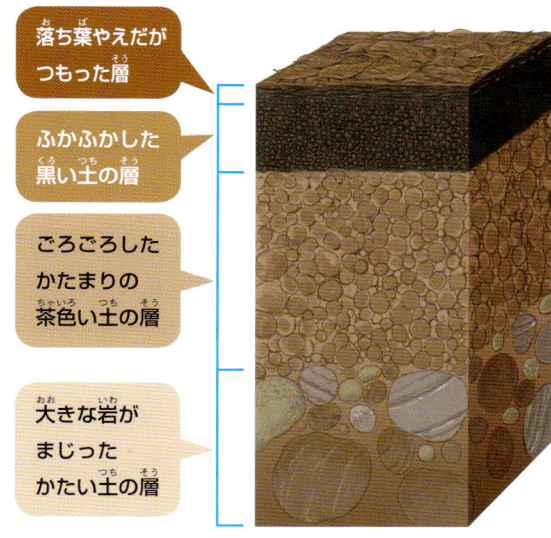

- 落ち葉やえだがつもった層
- ふかふかした黒い土の層
- ごろごろしたかたまりの茶色い土の層
- 大きな岩がまじったかたい土の層

▲ 土の中のようす。ミミズは、地面から、ふかふかした黒い土の層までに、多くみられます。

▲ しめった地面にのこったミミズがはったあと。夜中に養殖場からシマミミズがにげたときのものです。夜に地面に出てくる種類も多くいます。

## 強い日ざしはきらい

　ミミズは、落ち葉の下や土の中など、日光があたりにくい場所にすんでいます。強い日ざしがきらいだからです。

　ミミズの体は、うすい皮ふにおおわれているだけで、皮ふに長い毛などははえていません。体の表面はねん液（ぬるぬるした体液）でおおわれていて、皮ふがかわきにくく、すなや土が皮ふに直接つきにくいようになっています。

　でも、強い日ざしにあたりつづけると、ねん液がかわいて、ついには死んでしまいます。ですからふだんは、地面にすがたをあらわす場合も、日光があたらない夜や雨の日などが多いのです。

🔺 雨の日の昼間、がけの下にたまった落ち葉の中からすがたをあらわしたシーボルトミミズ。

🔺雨が上がったあと、道路にたまった落ち葉をどかすとフトスジミミズがかくれていました。

🔺むし暑い雨の夜、シマミミズが養殖場の養殖床から脱出して、近くのギシギシの葉の上にいました。雨の日には土の中の二酸化炭素が多くなり、地面に出てくるといわれます。

🔺淡水の中にすむイトミミズのなかま。水の底につもった落ち葉の上にいます。陸にすむミミズとちがい、体の外側にたくさんの糸のようなえらがあり、水中の酸素をつかって呼吸します。

## ゴカイと親せき

　ミミズは、海にすんでいるゴカイに近い動物です。どちらも、丸いつつ（環）をたてにつなげたような体つきで、環形動物というグループに入れられています。
　海にすんでいたゴカイのなかまが海岸に打ち上げられた海藻などの下でくらすようになったのが、ミミズの先祖だといわれています。今でもその名残をとどめ、海岸の海藻のあいだや下でくらすミミズがいます。

🔺イソミミズ。打ち上げられた海藻のあいだや、その下のすなの中でくらすミミズです。

🔺ゴカイのなかまのイソゴカイ。なみ打ちぎわなどのすなやじゃりの中にすんでいます。

## トンネルをほって進む

　土の中でくらすミミズは、土をほってトンネルをつくって、動きまわります。細いつつのような体で、ミミズはどのようにトンネルをほるのでしょう。

　ミミズを地面におくと、小さなわれめや土がやわらかい場所をさがし、頭の先を細くして、つきさします。こうして体が少し土の中に入ると、頭の先をふくらませて土のかべを広げます。そして、体にはえているとげのような毛（12ページ）でささえ、体をのびちぢみさせて頭の先をふたたび前の土へとつきさします。

　これをくりかえすことで、土の中を自由に進んでいくことができるのです。たくさんのミミズがトンネルをほると、土をたがやすのと同じ効果が生まれます。

◀▼地中にもぐるノラクラミミズ。ミミズの皮ふはよくのびるので、体のどの部分も、思いどおりに太くしたり細くしたりできます。トンネルをほるときは、まず細くした頭を土につきさして、そこからトンネルをほっていきます。ミミズがはうスピードは、時速約30〜40mくらいです。

▲シマミミズの頭。頭の先を細くしたり（上）太くしたり（下）して、トンネルのかべを広げることができます。

▲ミミズのトンネルのかべ。ミミズが前に進むときに体をおおっているねん液がかべにつき、しっかりとかためられます。

■ 地面をはうシマミミズ。全身の筋肉をつかって体をのびちぢみさせたり、太さをかえたりして、剛毛を土などに引っかけて進みます。環状筋をちぢめるとその部分の節が細くなり、ゆるめると太くなります。また、縦走筋をちぢめると節がちぢまって体が短くなり、ゆるめると節がのびて体が長くなります。

## 体をのびちぢみさせて進む

　ミミズの体には骨がなく、皮ふの下にはよく発達した筋肉があります。体の節のかべにそって輪のようにぐるっと巻いている筋肉（環状筋）と、体の前後の方向にいくつもの節にまたがってつながっている筋肉（縦走筋）です。

　ミミズは、この筋肉をつかって体のいろいろな部分の太さや長さをかえる動き（ぜん動運動）をして、体をくねらせたりせずに、前後に進むことができます。

　ミミズの体には、それぞれの節をとり巻くように何本ものかたいとげのような毛（剛毛）があります。体をちぢめて太くした部分で、この剛毛を土に引っかけて体をささえ、前側へ体をのばしたり、後ろ側の体を引きつけたりするのです。

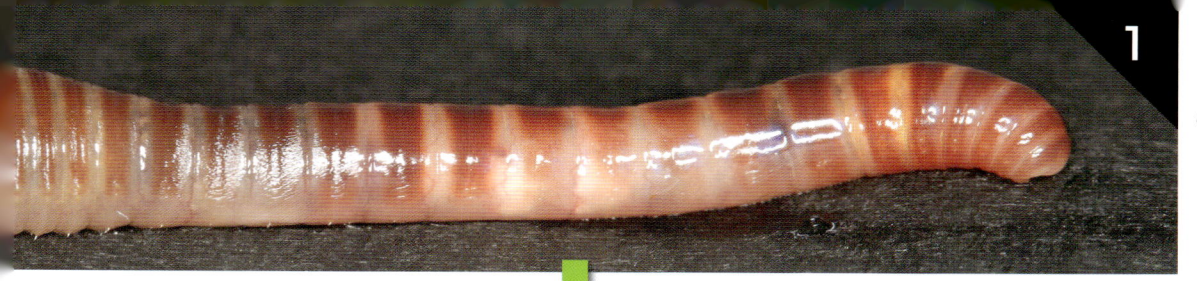

◀ シマミミズのぜん動運動。①太くした部分の剛毛で体をささえながら、体を前側へ細くのばしていきます。②体の前側を太くして剛毛でささえ、③体の後ろ側を前にひきよせます。④また、太くした部分の剛毛で体をささえ、体を前にのばします。このような動作をくりかえして、前に進むことができます。

▲ シマミミズの剛毛は、節の4か所に2本ずつはえています。剛毛のはえ方や数は種類によってちがい、1ぴきのミミズでも、節ごとに数がちがうこともあります。

▲ はねまわるシマミミズ。おどろいたときや、きけんを感じたときには、はげしく体をくねらせるようにして、地面をとびはねてにげることがあります。

## 土だってたべる

　ミミズの食べ物は、種類によってちがいますが、ふだんよくみる陸にすむ大型のミミズは、かれ葉やかれ枝、土、地面におちている生ごみや紙などをたべます。土の中には、小さな生き物や、土にふくまれている有機物（生物の死骸のかけらやくさったもの、ふんなど）、カビなどがふくまれていて、たべた土からこれらを栄養として利用しているのです。

　ミミズの口には、歯はありません。土は口を大きくあけてのみこみ、小さなかれ葉やかれ枝は、くちびるで丸めるようにしてからのみこみます。また、大きなかれ葉などは、くちびるでくわえて引っぱり、引きちぎってからたべます。さらに、かたいものなどは、のどをうら返しにして口から出し、だ液でやわらかくしてからのみこむこともあります。

▪ のど（咽頭）をうら返して口から出しているイイヅカミミズ。うら返したのどをもどす動作で土を口の中にふくみ、のみこみます。

△ かれたササの葉の柄をくわえているシーボルトミミズ。くわえてみて、たべられそうにないときは、はき出したりします。

△ 土をくわえたイイヅカミミズ。1日に自分の体重の1.5倍もの量をたべます。

▲かれ葉をくわえたイイヅカミミズ。口でしっかりとくわえて、体をちぢめて引っぱり、巣あなの口に運びます。

▲かれ葉を引きちぎっているイイヅカミミズ。葉のふちから、少しずつ引きちぎってたべます。

■ 体の後ろ側だけ出して地面にふんをするカッショクツリミミズ。夜のあいだにふんをすることが多いようです。

## たべたら、ふんをする

　ミミズは1日に体重の1.5倍もの量をたべますが、そこから吸収する栄養はあまり多くなく、たべた量とほとんど同じくらいの、たくさんのふんをします。

　ミミズがたべた土やかれ葉などは、のどのおくにあるそのうというふくろのような部分でまぜ合わされ、細かくされます。そして、腸を通っていくあいだにかたいものがとかされるなどして、さらに細かくくだかれていきます。

　そのため、肛門から出されるふんは、ミミズがたべた土とくらべるとずっと小さなつぶになっていて、つぶとつぶのすきまにはたくさんの空気がふくまれ、ふっくらしています。

△ ふんをするカッショクツリミミズ。体のいちばん後ろのはしにある肛門からふんを出します。

■しばふのあちこちにあるニオイミミズ（クソミミズ）とカッショクツリミミズのふんのかたまり。ひとかたまりが、1ぴきのミミズがひと晩にしたふんです。日本の野原やしばふ、牧草地の草地で、1年間にミミズがしたふんを平らにならすと、2㎝ほどのあつさになるといわれています。

## 土になるふん

　地面近くにすむ種類のミミズは地面に、やや深い場所にすむ種類は土の中にふんをします。

　ミミズのふんは、小さな土のつぶがたくさんくっついていて、すきまが多くあります。そのため、たべた量にくらべ、ふんの量がとても多くみえます。

　地面にふんをするミミズでは、ふんのかたまりが小さな山やだんごのような形や、塔のような形になります。しばふのはえている場所などでは、ひと晩で、あちこちにたくさんのどろだんごが落ちているような状態になります。

　時間がたつと、ふんはかわいて形がくずれ、ふかふかの新しい土になっていきます。つまり、人が土をたがやすのと同じように、ミミズはかたい土をやわらかな土にかえるはたらきをしているのです。

◁ カッショクツリミミズのこども（幼体）のふんのかたまり。小さなだんごのようなふんをくっつけて、ドームのような形のかたまりをつくります。

▲ フトミミズのなかまのふんのかたまり。小さな塔のような形になっていて、高さは4cmほどあります。

▲ イイヅカミミズのふん。だんごをならべてぎゅっとおしつなげたような形のふんをします。

## ふんをつみあげた塔

タイの東北部にいるミミズは、ふんをつみあげて高さが30センチメートル以上にもなる塔をつくります。フトミミズのなかまで、のびると長さ60センチメートルにもなる大型のミミズです。

雨が少ない時期（夏から秋の終わり）、水田のまわりの草地では、あちこちに大きなふんの塔がみられます。雨がふると、塔はくずれて土にもどります。

▲ タイの東北部の草地でみられる大きなミミズのふんの塔。直径6cmほどあります。

▲ ふんの塔の断面。まん中がミミズの通り道。

## 植物が育ちやすい土

　ミミズは、土をたべてふんをすることで土をたがやし、やわらかい土をつくります。しかも、土をただやわらかくするだけでなく、植物が育ちやすい土にかえるのです。

　たべた土が、ミミズの体の中でふんになっていくあいだに、土にふくまれていた植物の成長に有害な細菌や微生物が死んだり少なくなったり、植物の成長をたすける細菌がふえたりします。さらに、かれた植物が細かくされて、たべた土とまぜ合わされたり、土の中の栄養が植物の根から吸収されやすい形にかえられたりもします。そのため、ミミズがすんでいる土では、ミミズがいない土にくらべ、植物がとてもよく育つのです。

◁△ ミミズのふんで、植物がどれくらいよく育つかの実験。左から畑の土、ミミズのふんだけ、畑の土とミミズのふんを半分ずつまぜたものに観賞用のナス（フォックスフェイス）のたねをまきました。上の写真のような状態から、1か月で左の写真のように育ちました。はじめに水をあげたあとは、あまり水をあげなかったので、土だけのはちではなえがかれて、雑草だけが育ちました。ミミズのふんは、水をためておく力がすぐれているためか、少ない水でも、よく育ちました。

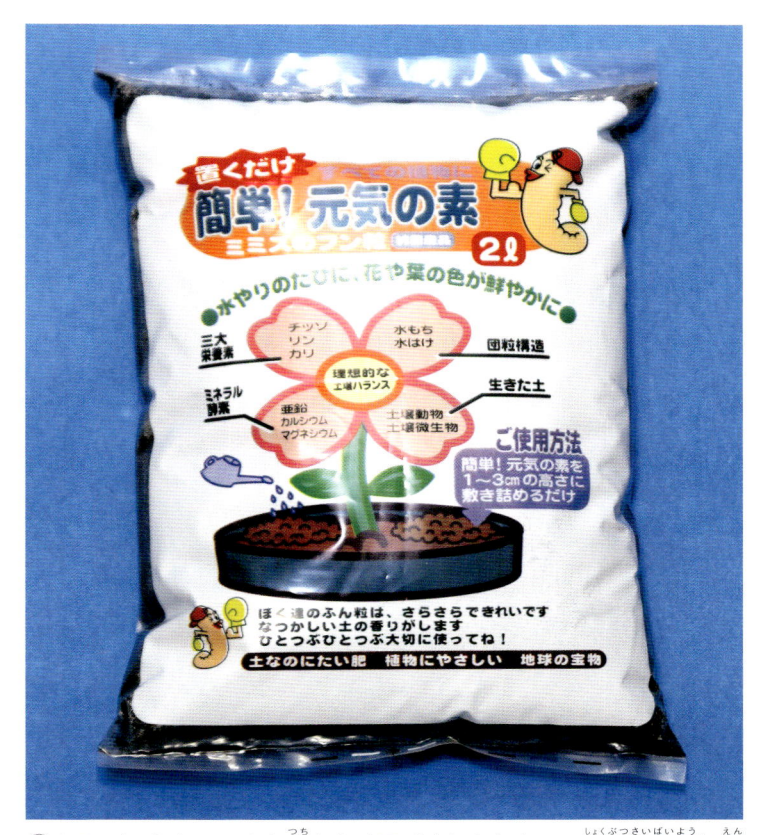

△ミミズのふんでできた土をふくろづめにしたもの。植物栽培用に園芸店などで売られています。

# 第2章 土をつくる生き物

　落ち葉の下や土の中には、ミミズをはじめ、とてもたくさんの生き物がくらしています。そして、死んだ動物やかれた植物、いろいろな生き物のふんなどは、ダンゴムシやムカデ、ササラダニやトビムシ、カビや細菌などのはたらきで、いろいろに形をかえられていき、最後には土になっていきます。

● 雑木林の土の下。地面の上には落ち葉がつもり、それが下にいくにつれてさまざまな生き物のはたらきでだんだん細かくなり、土になってつみかさなっています。

▲ しめった落ち葉にはえているカビのなかま。

▲ 落ち葉のあいだからはえているキノコのなかま。

▲ 落ち葉のあいだにかくれていたオカダンゴムシ。

▲ 落ち葉の下の土にいたヤスデのなかま。

■ 雑木林の中の地面。地面には何十cmものあつさになるたくさんの落ち葉がつもっています。

## 落ち葉が土になっていく

　雑木林の地面につもった落ち葉を、上から少しずつとりのぞいてみましょう。いちばん上の方は、かわいてかさかさしていて、ちゃんとした葉の形をしています。その下の葉は、しめっていて、カビがはえていたり、くさって形が少しかけたりしています。

　さらに下にいくにつれ、だんだん葉の形がくずれて細かいかけらになり、下の方ではとても小さなつぶになって、土と見分けがつかなくなってしまいます。

　林や草地では、地面や土の中にすんでいるいろいろな生き物のはたらきによって、落ち葉やかれた植物が時間とともにすがたをかえて小さくなり、土ができているのです。

**1**

🔺 いちばん上のかさかさの落ち葉をどけると、しめった落ち葉がみえます。

**2**

🔺 その下の落ち葉は、カビがはえていたり、ところどころが、ぼろぼろにくずれています。

**3**

🔺 さらに下には、ぼろぼろになってくずれた落ち葉がみえます。下にいくほど、くずれて小さなかけらになっています。

**4**

🔺 いちばん下では、落ち葉はくずれてとても細かい土のつぶのようになっています。

🔺 落ち葉についたカビ。白い糸のようなカビに栄養を吸収されて、ぼろぼろになっていきます。

🔺 葉が土にもどっていくようす。生きている葉（左）からかれて（中）、葉のすじばかり（右）になっていきます。

25

# 落ち葉や死んだ生き物をたべる

落ち葉やかれた植物、死んだ虫や動物などは、地面や土の中にすむ、いろいろな生き物によってたべられてふんになり、それがまたほかの生き物にたべられたり、くさったりして、だんだんと小さなつぶになり、最後には土になっていきます。

このような土をつくるはたらきをしている生き物たちのことを、土壌生物といいます。

土壌生物のうち、ミミズやダンゴムシ、ワラジムシ、ヤスデやムカデ、ダニやナメクジなど、肉眼でみえるほどの大きさの動物を土壌動物といいます。また、糸のような形のカビや、目にみえないほど小さな細菌（バクテリア）などは、土壌微生物といいます。

△ ワラジムシ。体長12mmほどで、ダンゴムシのなかまです。かれた植物をたべて、ふんをします。

△ コムカデのなかま。体長2〜5mmほどのムカデににた生き物で、かれたりくさったりした植物などをたべます。

△ トゲトビムシのなかま。体長0.5mmほどの昆虫で、落ち葉の下などにすみ、落ち葉についたカビなどをたべます。

△ ツルギイレコダニ。体長1mmほどのササラダニのなかまで、落ち葉の下などにすみ、くさった落ち葉をたべます。

■ オカダンゴムシ。体長10〜15㎜。落ち葉の下などにいて、かれた植物や、死んだ昆虫、地面におちた実、コケなど、いろいろなものをたべます。

▲ マクラギヤスデ。体長30㎜ほどのヤスデで、かれた植物やくさりかけの植物をよくたべます。

▲ さまざまな種類のキノコが、落ち葉やくさりかけの木にはえます。

▲ ナメクジ。生きている植物の葉や実、くさりかけの落ち葉やキノコなどもたべます。

▲ 落ち葉から栄養をとるカビ。しめった落ち葉の表面に糸のように細い体を広げていきます。

● カビがはえた落ち葉。つみかさなった落ち葉は、土壌動物によってたべられたり、糸のようなカビがはえ、栄養をうばわれてぼろぼろになってくずれていきます。そして、最後には土にすがたをかえていきます。

# 土の中の生き物のつながり

ミミズがくらしている地面や土の中には、いろいろな土壌生物たちが数えきれないほどたくさんくらしています。その大きさは、モグラやムカデ、ミミズなど大きなものから、ダンゴムシやササラダニなど数センチメートルから数ミリメートルほどのもの、細菌や原生生物など肉眼ではみえないほど小さなものまで、さまざまです。

これらの生き物たちは、「たべる・たべられる」という関係で、たがいにつながり合っています。たとえば、ムカデやクモ、ミミズなどをたべるモグラは、ヘビなどにたべられます。また、モグラの死がいは、細菌のはたらきでくさったり、シデムシやアリによってたべられてふんになったりして、形をかえます。さらにミミズや昆虫などによってたべられていきます。

一方、かれた植物は、ミミズやダンゴムシ、小さなササラダニやトビムシなどがたべたり、細菌や原生生物、カビや菌類のはたらきによって栄養として利用されたりして、形をかえます。このようにして、最終的には土の中にふくまれる栄養へとすがたをかえていくのです。

■土壌生物の「たべる・たべられる」の関係

→ たべる・栄養をえる　　→ 死ぬ・かれる・ふんをする　　→ 土にもどす

落ち葉やかれた植物・動物の死がいやふん

ダンゴムシ／ミミズ／ヤスデ
ササラダニ／トビムシ
ふん
カニムシ
ムカデ
モグラ
細菌／原生生物
菌類／カビ
植物
栄養

（「ダンゴムシ・ワラジムシ　ガイドブック」を参考に作図）

## 鳥や虫にたべられる

　ミミズは、「たべる・たべられる」の関係の「たべる」の部分で、いろいろな動物のふんやかれた植物などを、土にもどすやくわりをはたしています。
　一方、「たべられる」の部分では、さまざまな動物の食べ物になっています。ミミズをたべる動物はとても多く、その顔ぶれも変化に富んでいます。モグラやトガリネズミなどの哺乳類をはじめ、いろいろな鳥、ヘビやトカゲ、カエルや魚、オサムシやアリなどの昆虫と、さまざまなグループの動物がミミズをたべます。

▲サクラミミズをつかまえたトゲアリ。弱っているミミズや死んだミミズは、アリにとっては、大型で栄養にあふれた食べ物になります。

◀フトスジミミズをつかまえたアオオサムシ。オサムシのなかまは、地面を歩きまわってミミズなどをつかまえてたべます。

いろいろな動物のいのちをささえるという点でも、ミミズはとても重要なやくわりをもっているのです。

🔺 シーボルトミミズを
つかまえたミゾゴイ
（サギのなかま）。ス
ズメやモズ、シギの
なかま、キジのなか
まなど、いろいろな
鳥たちがミミズをた
べます。

◀ ミミズをたべるタカ
チホヘビ。小・中型
のヘビにはミミズを
よくたべるものが多
くいます。また沖縄
などには、リュウキュ
ウアオヘビなど、ミ
ミズをたべる大型の
ヘビも多くいます。

31

## 第3章 ミミズのくらし

ミミズの体は、輪のような節がつながった細いチューブのようで、目やあし、触角など、いろいろな器官はみあたりません。しかし、ミミズは地面や地中を動きまわり、たべたり呼吸をしたりしながら成長し、おとなになると繁殖して卵を産み、子孫をのこします。

■ 雨の日の夜に地面に出てきたカッショクツリミミズ。土の中のわりあいあさい場所にすんでいるミミズで、雨の夜などに地面にはい出てきます。

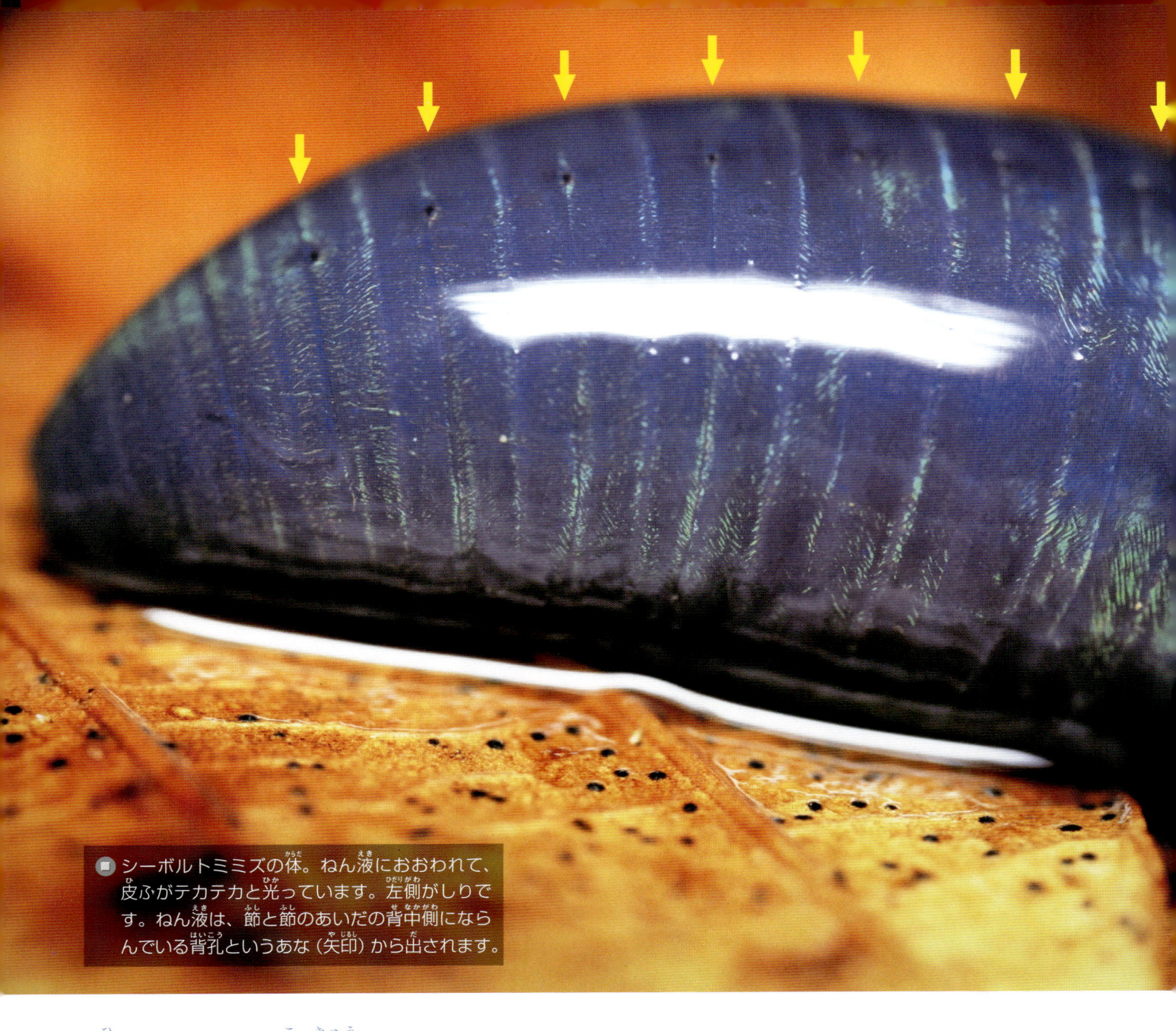

■シーボルトミミズの体。ねん液におおわれて、皮ふがテカテカと光っています。左側がしりです。ねん液は、節と節のあいだの背中側にならんでいる背孔というあな（矢印）から出されます。

## 皮ふから呼吸をする

　ミミズの体には、肺や気管などの特別な呼吸器官はありません。皮ふをおおう体液（ねん液）にとけこんだ空気中の酸素を体内にとり入れ、二酸化炭素をはき出して、呼吸をしているのです。そのため、皮ふはぬるぬるしたねん液におおわれていて、しめりけが保たれ、体に土やごみなどがつきにくくなるようになっています。

　とり入れた酸素は、血管で体中に運ばれます。ミミズの体には、前後にのびる太い血管が背中側と腹側にあり、節ごとに細い血管が輪のようになっていて、2本の太い血管をつないでいます。

🔺ミミズの体をおおうねん液は、ねばりがあり、糸を引いて球になるほどぬるぬるしています。このねん液は、皮ふを乾燥から守り、ばい菌などを殺す効果があります。また、ねん液はくさいにおいがして、手などにつくとなかなかにおいがとれません。

◀生まれて数日のシマミミズのこども（幼体）。背中側の太い血管が、うすい皮ふを通してすけてみえています。ミミズの血は、赤い色をしています。

## オスにもメスにもなれる

　ミミズはふつう、卵を産んで子孫をふやします。背骨のある動物や昆虫などでは、卵を産むのはメスですが、ミミズにはオスとメスの区別がありません。ミミズの体には、精子をつくるオスの器官と卵をつくるメスの器官が、両方ともにそなわっています（雌雄同体）。そのため、おとなのミミズはみんな、卵を産むことができるのです。

　同じなかまのおとなのミミズが出合うと、体の前方にある帯のような部分（環帯）あたりの腹側をぴったりとくっつけて交接し*、たがいに相手に精子を渡します。渡された精子は、精子を出すあな（雄性孔）のさらに前側にあるあな（受精のう孔）*から体の中のふくろ（受精のう）にいったんしまわれます。

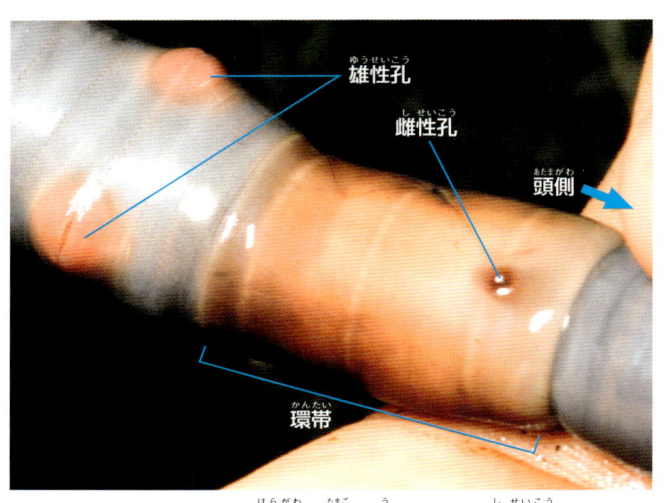

△ シーボルトミミズの腹側。卵を産むあな（雌性孔）が1つ、精子を出すあな（雄性孔）が2つあります。右側が頭です。

△ 交接するイイヅカミミズ。環帯あたりの腹側をしっかりとくっつけて交接しています。

*種類によっては、自分の精子で卵を受精させるものや、受精せずに卵が育つもの、卵を産まず体がいくつかに切れてふえるものなどもいます。

●交接するサクラミミズ。雄性孔が環帯より前側にあり、さらにその前に受精のう孔があるので、より体の前の方の腹側をくっつけて交接します。

▲おとな（成体）のフトスジミミズ。環帯（白っぽい部分）がはっきりとわかります。

▲こども（幼体）のフトスジミミズ。成体になるまでは、環帯がありません。

＊受精のう孔は環帯よりも前側にあり、種類によって数や場所がちがいます。36ページ左下の写真の範囲よりももっと頭側にあり、非常に小さいため、肉眼ではよくわかりません。

▲ 環帯からねん液を出して、環帯をぐるっとおおいます。後ろのふくらんでいる部分が環帯で、頭は左側。

▲ 外側のねん液はかたまって、腹巻きのような白い帯になります。その帯を前の方へ移動させます。

## 卵をカプセルに入れる

交接をすませたミミズは、体の中で卵ができあがると、環帯から白っぽいねん液を出します。ねん液はかたまって、体をぐるっと巻く腹巻きのような形の帯になります。すると、ミミズは体を帯から後ろに引きぬきながら、体と帯のあいだに卵を産むのです。このとき、しまってあった精子を卵といっしょにくるみ、卵を受精させるのです。

そして、つづけて体を後ろにずらしていくと、帯の先から頭がぬけて、帯の前側のはしが細くなって閉じます。さらに体を後ろにずらすと、最後に帯の後ろから頭がぬけ、両側がすぼまった風船のような形のカプセル（卵包）ができるのです。卵包にはふつう1個の卵が入っていますが、シマミミズだけは卵包の中に、2～6個ほどの卵が入っています。

38　※このページではシマミミズの産卵の写真をのせています。

🔺 白い帯から体を後ろに引きぬいていき、このときに雌性孔から卵を産み、雄性孔から出した精子とまぜます。

🔺 白い帯を前へおし出していくと、最後に帯の先から頭がぬけ、先の方が細くなり、閉じます。

🔳 帯の後ろはしが細くなっていき頭がすっかりぬけると、後ろはしを口で閉じます。両はしがすぼまった卵包ができあがります。

■ シマミミズの卵包。タマネギのような形で、上がすぼまって、とがっています。しめった土の中などに産みだされます。

## ミミズの卵

　ミミズの卵は卵包のカプセルに入っていますが、乾燥に弱いので、親はしめった場所をえらんで産卵します。土の中に産む種類もいれば、くち木や落ち葉のすきまなどに産む種類もいます。すきまなどに産む場合には、卵包がひからびないように、まわりの土やふんのようなもので卵包を1つずつくるむこともあります。
　卵包ははじめはクリーム色ですが、時間がたつにつれて色がこくなり、茶色くなります。ミミズの種類によって卵包の形はいろいろで、球に近いものからタマネギ形、レモン形、たわら形、つつ形のものまであり、大きさは1ミリメートルから8ミリメートルくらいです。

▲ おとなの人の親指にのせたシマミミズの卵包。長さ4〜6mmほどで、卵包の中に2〜6個、多いときは12個も卵が入っています。

◀︎▲ キタフクロナシツリミミズは、乾燥からまもるためなのか、親が卵包のまわりをふんのようなものでかこみます。円内は、それをひっくりかえしたもの。まん中に卵包が1個入っているのがわかります。

▲ 卵包から出る直前のシマミミズ。中で卵からふ化した赤ちゃんが、卵包のかべを通してすけてみえています。

◀︎ 養殖されているシマミミズの養殖床の中。土のかわりの素材の中に卵包がいくつも産みだされています。すみ場所の温度があまり寒くならなければ、一年中産卵します。

● 卵包のすぼまった部分を頭でおし、やぶろうとしているシマミミズの幼体。卵包の中で、ふ化した幼体が動きだしています。

# ミミズの赤ちゃんが生まれた

　卵包の中で卵からふ化すると、シマミミズの赤ちゃん（幼体）は、卵包のすぼまった部分を頭でおしやぶって外に出てきます。1ぴきが出てくると、つづいてほかの赤ちゃんが出てきます。

　卵がふ化するまでの日数は、卵のまわりの温度によってかわってくるようです。種類によってもちがいますが、シマミミズでは、25℃で3週間半から5週間くらい、30℃では1週間半から3週間くらいのようです。それよりも温度が低いとふ化までの日数がのび、10℃では3か月以上かかる場合もあります。

　生まれたての赤ちゃんは、皮ふがうすく色もついていないので、血管など、体の中が外側からすけてみえています。

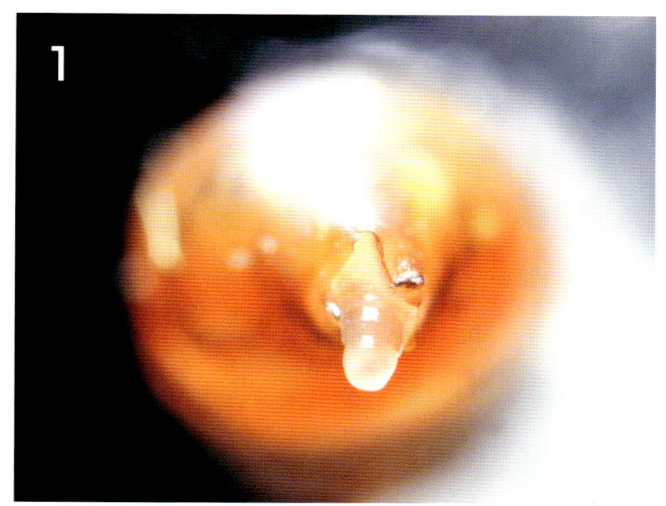

**1** ▲すぼまっていた部分がやぶれ、幼体の頭の部分が卵包から出てきました。

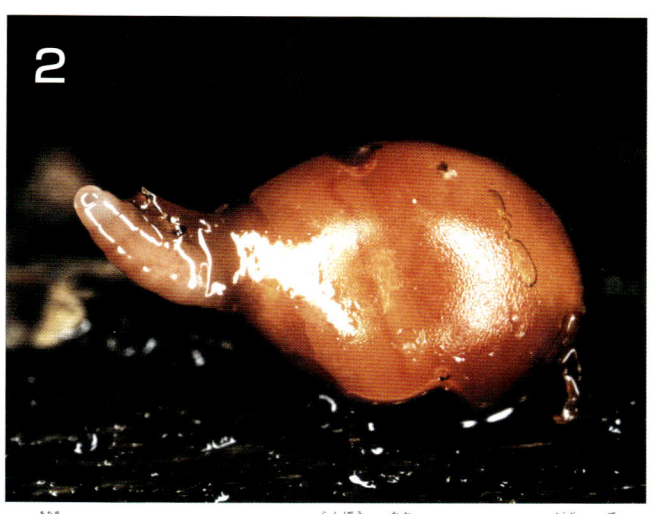

**2** ▲頭をふるようにしながら、卵包の中からだんだん体が出てきます。

**3** ▲はうときと同じように、体を細くしたり太くしたりしながら、外にはい出てきます。

**4** ▲体が地面などにふれると、そこを足がかりにして、どんどんはい出てきます。

**5** ▲完全に卵包からはい出たシマミミズの幼体。背中の部分にみえる赤いすじは、背中側を縦に通っている太い血管（背行血管）が、うすい皮ふを通してみえているものです。頭（左側）近くの赤いかたまりの部分に心臓があります。

## ちぎれてふえるミミズ

　ミミズのなかには、ふだんは卵を産まず*、おどろくような方法でふえるものがいます。体がいくつかにちぎれ、それぞれが1ぴきのミミズになるのです。日本では、ヤマトヒメミミズという体長1センチメートルほどのミミズが、この方法でふえることが知られています。

　ふつうのミミズは、体が切れると、頭と環帯がある頭側の切れはしでは、尾側の部分がはえてきて（再生）、1ぴきのミミズにもどることがあります。でも、尾側の切れはしでは再生はおこらないので、1ぴきが2ひきにはなりません。

　ヤマトヒメミミズの場合は、体の節の中ほどがくびれて、そこからちぎれて5個から10個ほどに分かれます。すると、そのほとんどが再生して1ぴきのミミズにもどるので、数がふえるのです。

▲いくつかの節の部分がくびれたヤマトヒメミミズ（上側）と、くびれる前のヤマトヒメミミズ（下側）。上から光をあてているので、体が白くみえます。下から光をあてると、円内のように体（左側が頭）の中がすけてみえます。

*なかまが少なくなったり、すんでいる場所の環境がきゅうにかわったりすると、変化に対応するためか、ふつうのミミズのように交接して卵を産んでふえることがあります。

## 光を出すミミズもいる！

ミミズのなかには、ホタルやウミボタルのように光るものもいます。日本では、海辺にすむイソミミズと日本各地の畑や庭、林などにいるホタルミミズなど、数種類が知られています。

これらのミミズのねん液には、光る物質がふくまれています。おどろいたり、ふまれたりしたときに、ねん液がたくさん出され、体の外で空気にふれると光をはなちます。何のために光るのかは、わかっていません。

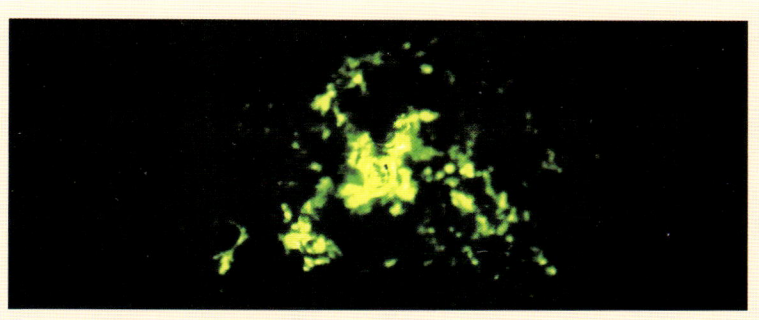

◁△ホタルミミズの成体（左）と、体の外に出たねん液が光っているようす（上）。

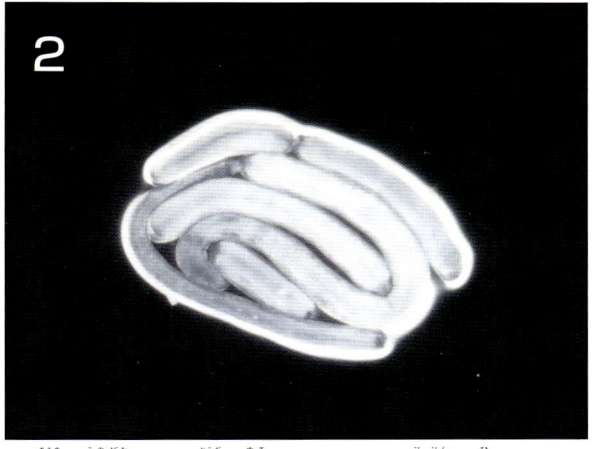

**2**
△頭を内側にして体を丸め、くびれの部分を引きのばしたりねじったりして、10個ほどの部分に分かれます。

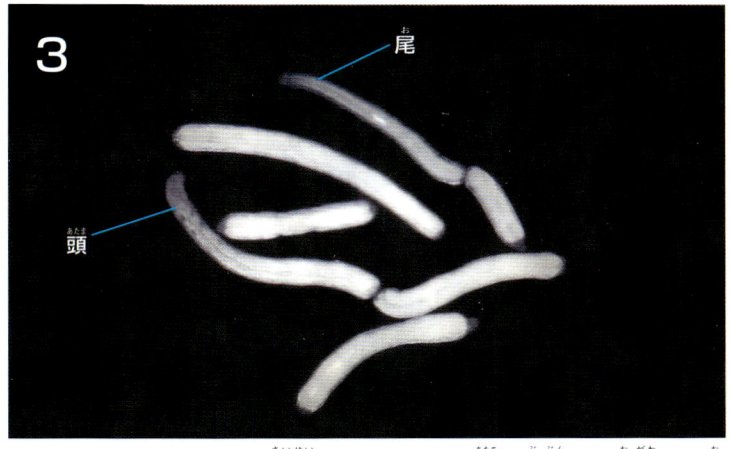

**3**
△ちぎれて、それぞれが再生していきます。頭の部分では尾側が、尾の部分では頭側が、それ以外の部分は頭側と尾側が再生します。

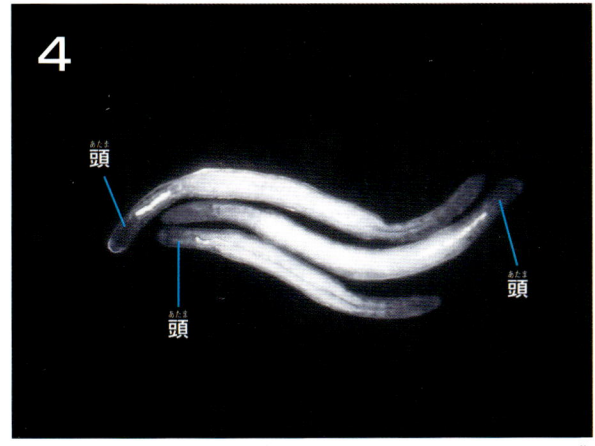

**4**
△ちぎれてから2〜3日ほどで、ちぎれてなくなった部分が再生して、それぞれ1ぴきのミミズになります。

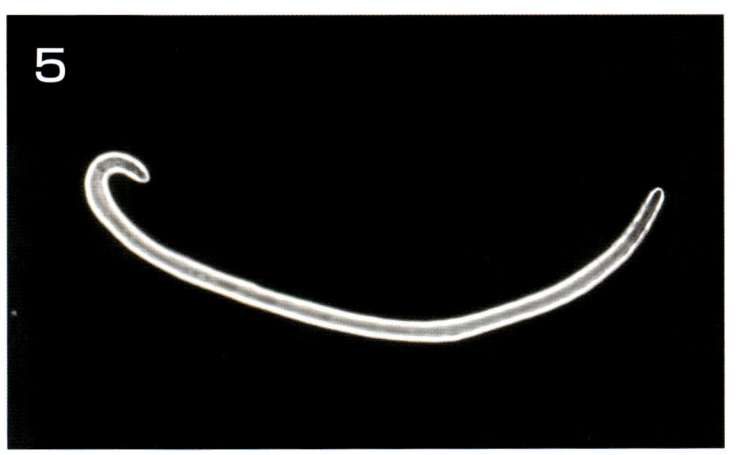

**5**
△さらに10日ほどで、元の大きさまで育ちます。育ったミミズは元のミミズとまったく同じ形や性質をもつミミズ（クローン）です。

## つながっていくいのち

　ミミズの寿命は、半年から数年といわれます。寿命が1年以下のものでは、気温や地面の温度が下がる秋の終わりに卵を産んで死に、春に卵からかえった子がふたたび活動します。また、土の中などで身をひそめて冬をこし、春になって暖かくなると卵を産んで死ぬ種類もあります。

　ミミズは死ぬと、自分の体内にある消化酵素のはたらきで、体がどんどんとけていってしまいます。すると、アリなどがよってきて、とけてたべやすくなった体をたべつくしてしまいます。あとには、腸につまっていたふんが体の形にのこりますが、時間がたつと乾燥してくずれ、土にもどっていきます。

　こうして、ミミズは死んでふんをのこし、それが土となり、ほかのミミズのすみ場所や食べ物となって、いのちがつながれていくのです。

▪ 冬のはじめに道路で死んでいたノラクラミミズ。地面からわりあい深い場所でくらし、ほかのミミズとちがい、冬から早春にも、よく地上に出てきます。

▶ 体をボールのように丸めてじっとしている冬のキタフクロナシツリミミズ。数年間生きるミミズで、冬は土の中でじっとしています。

🔺 地上にはい出て、乾燥して死んでしまったフトミミズのなかま。夏の湿度が高い日や、大雨のあとなどに、地面などで死んでいるものが多くみられます。

🔺 雨のあと、道のわきの水たまりで死んでいたミミズ。ながされておぼれ死んだようです。

🔺 ミミズの死体をたべるトビイロケアリ。自分の体の消化酵素のはたらきでとけだした体を、アリがたべています。

🔺 筋肉や内臓をたべてしまうと、腸の中にあったふんだけが、ミミズの形にのこります。体の節のくびれのあとものこっています。

みてみよう　やってみよう

▲ イイヅカミミズが集めた落ち葉やかれ葉。体長40cmをこえることもある大型のミミズで、平地から山地などの土の中にすんでいます。

◀ がけの下の道のわきにたまった落ち葉の中をさがすと、シーボルトミミズがみつかりました。

## ミミズをさがそう

　日本にはミミズが数百種いるだろうといわれていて、地面や土の中、水の中など種類によってすみ場所はさまざまです。家のまわりや田畑、草地や林、川や池の中、海岸など、どこにでもすんでいますが、かくれてみえにくい場所にいるので、だれでもすぐにみつけられるわけではありません。

　ミミズをさがすときは、ミミズの食べ物や、ふんを手がかりにすると、さがしやすいでしょう。トンネルの出口にあつめられた落ち葉やかれ草、ふんのかたまりなどをみつけて、そのまわりをほったり、つもった落ち葉をどけたりして、かくれているミミズをさがし、観察してみましょう。

48

● ふんをさがそう！

　ミミズが地上にしたふんのかたまりは、注意してさがすとあちこちにみつかります。ふんのまわりの地上をさがしたり、土をほってみて、ミミズをさがしてみましょう。ほりかえした土は、観察したあと、元にもどしましょう。

▲ しばふのあちこちにあるニオイミミズ（クソミミズ）のふんのかたまり。

▲ 山地の地面などでみられるイイヅカミミズのふん。トンネルの出口にかためてあります。

▲ 草地にあったフトミミズのなかまのふんの塔。

▲ 庭や畑のまわりでみられる、カッショクツリミミズのふん。

● いそうな場所をほる

　ふんがみつからない場合は、ミミズがいそうな場所をほってみたりして＊、ミミズをみつけましょう。花だんや畑のまわりではカッショクツリミミズやニオイミミズ、落ち葉の中にはヒトツモンミミズやフトスジミミズ、草の下の土にはフトミミズのなかま、堆肥の中にはシマミミズなどがいます。

**ミミズがいそうな場所**

▲ 花だんや畑のまわりにある石などの下。

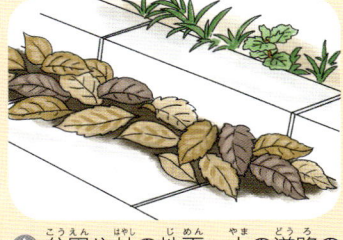

▲ 公園や林の地面、山の道路のわきにたまった落ち葉の中。

▲ タマスダレなどの草を根ごと引きぬいた地面の中。

▲ 堆肥置き場につまれている堆肥の中。

＊畑や田んぼ、しばふなど、土をほってはいけない場所もあります。ほる前に、まわりにいるおとなの人に土をほってよい場所かたしかめましょう。

## みてみよう やってみよう
# シマミズを飼ってみよう

ミミズは、落ち葉の下や土の中にすんでいるので、みつけたり観察するのに手間がかかる生き物です。でも、短い期間ならば、飼うのはそれほどむずかしくありません。でも、土の中でくらすので、いろいろと観察するためには、ちょっとしたくふうが必要です。

観察のための飼育容器をつくって飼うと、たべ方やふんのしかたや、土の中での動きなども観察することができます。ここでは、生ごみなどを堆肥にかえるのに飼われるシマミミズの飼い方を説明します。

シマミミズを10～20ぴきくらい入れて飼いましょう。飼育容器は、直接日光があたらない、うす暗い場所に置きましょう。

コバエが出たりミミズがにげる場合は、空気あなの部分をガーゼなどでふさぎましょう。

### つかまえ方と持ち帰り方

堆肥置き場や畑にすててある野菜くずの下を、さがしましょう。軍手をするか素手で、1ぴきずつ手でつかまえ、ふたのあるバケツに入れて持ち帰ります。庭のすみなどに、コーヒーのかすをたくさん置いておくと、そこにやってくることもあります。

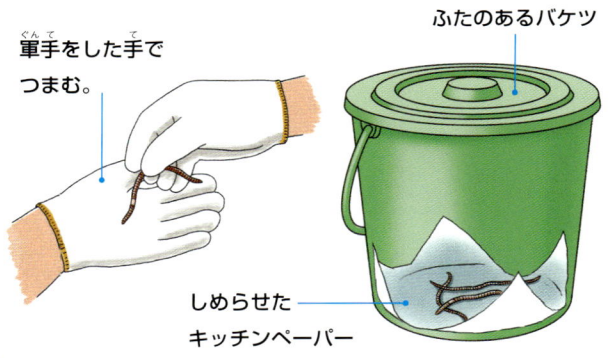

軍手をした手でつまむ。
ふたのあるバケツ
しめらせたキッチンペーパー

### 夜も観察しよう

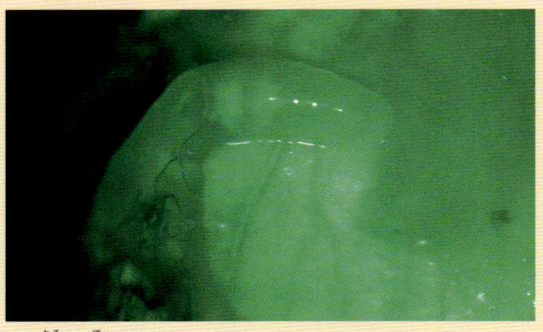

▲夜、出てきてレタスをたべています。かいちゅう電灯を赤い光にして、観察しましょう。

## パームピートのもどし方

▲ 園芸用パームピート（ココヤシの実の皮を細かくくだいた土がわりの素材）。レンガのようなかたまりで売られています。

▲ 水でもどすと、ふくらんでかさがふえ、ふかふかの土のようになります。

高さ20cm、はば30cmくらいのプラスチックの飼育ケースをつかいます。しっかりとふたがしまるものをえらびましょう。

えさとして、野菜くずなどを入れておきましょう。

園芸用のパームピートを水でもどしたものを、土のかわりに入れて飼います。

観察しないときは、黒い紙などでかべの外側をおおっておきましょう。

## せわのしかた

▲ パームピートがかわいてきたら、きりふきでしめらせましょう。

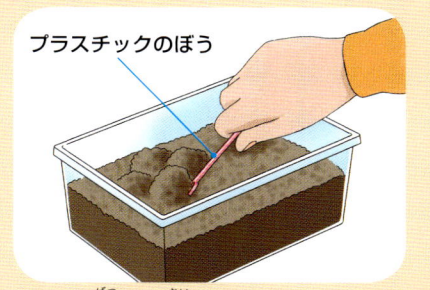

プラスチックのぼう

▲ 1か月に1回くらい、パームピートをよくかきまぜましょう。

## ふ化を観察しよう

▲ 飼育ケースの中に産まれたシマミミズの卵包。パームピートをかきまぜるとき、探してみましょう。

▲ 卵をみつけたら、食品保存用の容器にパームピートかキッチンペーパーをしめらせてしき、卵を置きます。

▲ ふ化した幼体は、親を飼っている飼育容器の地面に置いてやりましょう。自分で中にもぐっていきます。

51

みてみよう やってみよう

# ミミズコンポストをつくろう

シマミズは、生ごみやくさりかけの植物、堆肥などをこのんでたべるミミズです。そのため、シマミミズをつかって生ごみを土にもどし、ゴミをへらすことに利用されています。

同じように微生物をつかって生ごみを堆肥にする容器（コンポスト容器）をつかえば、家や学校でもシマミミズを飼育できます。容器に生ごみを入れると、いつのまにか土*になっています。数千びきのシマミミズを飼わなければなりませんが、養殖したシマミミズを買うことができます。インターネットなどで調べて、注文しましょう。

▲コンポスト容器の中。シマミミズのはたらきによって、生ごみが土（ふん）にかわっていきます。

▲コンポスト容器の中の土をかるくほってみると、たくさんのミミズがいます。

▲庭においたコンポスト容器で、シマミミズを飼っています。えさは、生ごみを入れます。

*土（ミミズのふん）がふえてきたら、とり出してミミズとより分けましょう。ミミズがつくった土は、野菜や植物栽培用の土として、そのままつかったり、用土にまぜてつかいましょう。

## ●準備のしかた

コンポスト容器をつかったミミズの飼育には、いろいろな飼い方があります。コンポスト容器を土の上にじかに置く飼い方*は、あまり手間がかからず、失敗も少ない方法です。ふたのある容器なので、生ごみを入れるのも楽です。卵のからや、魚の骨などはそのままのこるので、入れないようにしましょう。

△ 底なしのコンポスト容器、園芸用のパームピート、シマミミズ（500～2000びきほど）を用意します。

△ 半日かげになるような水はけのよい場所をみつけて、コンポスト容器を置きます。

△ 水でもどしたパームピートを、容器の底に20㎝くらいのあつさになるようにしきつめます。

△ しきつめたパームピートの上に、ミミズを入れて、そのまま1週間くらいようすをみます。

△ しきつめたパームピートの上に、生ごみを置きます。大きなかたまりは、5㎝ほどの大きさにしてやりましょう。

△ 2～3日ようすをみて、生ごみがへっているようなら、生ごみをたしていきましょう。

### ブロックでつくろう

コンポスト容器のかわりに、庭の土をほってコンクリートブロックでかこむ方法もかんたんです。1辺がブロック2個分になるように土をほり、底にモグラよけの金網をしいて、パームピートとミミズを入れ、上に板などをのせてふたにします。

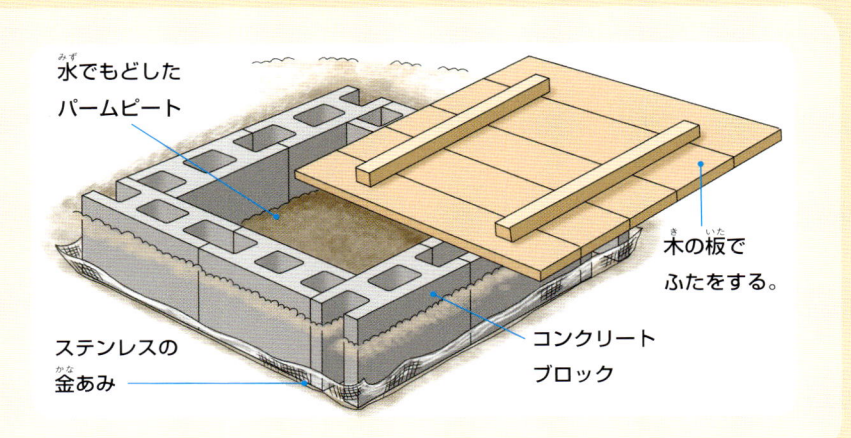

水でもどしたパームピート／木の板でふたをする。／ステンレスの金あみ／コンクリートブロック

*コンポスト容器を地面にじかに置くと、そのまわりにいたシマミミズが容器の中に入ってふえ、中の生ごみを処理することもあります。

みてみよう やってみよう

# ミミズを調べてみよう

　ミミズは、土の中を動きまわって土をたべ、ふんをします。ミミズのふんは、小さな土のつぶがくっつきあったようになっていて、つぶのあいだには空気がふくまれ、微生物もそのあいだにたくさんすんでいます。また、土の中を移動することで土をほりおこす効果もあります。

　土がかたくて栄養不足だった土地でも、ミミズがすみついてふえると、やわらかくて栄養にあふれた土をもつ土地へとかわります。ミミズが土をたがやすはたらきを、調べてみましょう。

▲ミミズがたべるほかに、土の中を動きまわることでも、土にたくさんのすきまができていきます。

▲ミミズがすむ前の土。土はかたくて、茶色っぽい色をしています。ここにミミズを十数ひき入れてみます。

▲ミミズを入れて1か月後の土は、小さなつぶになってふかふかになり、色も黒っぽくかわっています。

## ●養殖場で育てられるミミズ

日本国内には、ミミズを養殖している場所があちらこちらにあります。これまでは野外や大きなビニールハウスのような施設で養殖していましたが、最近では工場のような建物内での養殖もふえています。

養殖場では、つりのえさ用やミミズコンポスト用、あるいは園芸用の土をつくるためや、漢方薬の材料用などに、たくさんのミミズを育てています。

▲ 養殖床の中では、たくさんのシマミミズが養殖されています。

◀ ビニールハウスの中につくられたミミズの養殖施設。

## ミミズと人のつながり

気持ちがわるいときらう人も多いですが、ミミズは、人のくらしに役立つ生き物として、ありがたがられることも少なくありません。

たとえば、世界中で古くから、つりのえさにつかわれてきましたし、古代エジプトでは土壌を改良し、作物を育てる力のある土地をつくる生き物として、たいせつにされていました。また、ミミズを乾燥させたものは「地竜（または地竜）」とよばれ、漢方薬の材料として、今もさかんに利用されています。

日本の長野県長和町には、大きなミミズがあらわれて土砂崩れする場所を知らせ人々をすくったため、ミミズを神様としてまつっている神社「蚯蚓神社」があります。

◀ 長野県長和町の道ばたにあるミミズの石碑。この近くの山に、蚯蚓神社があります。

▶ ミミズを乾燥させたもの。熱さましや、炎症をおさえるなどの効果があるといわれます。

## みてみよう やってみよう

# ミミズの体

　ミミズの体は、たくさんの輪がつながった細いチューブのようなつくりになっています。目や耳などはありませんが、光を感じる細胞が皮ふの表面にたくさんあります。
　ルーペをつかって観察すると、口や肛門、ねん液を出す背孔や、小さなとげのような剛毛のつくりをみることができます。また、おとな（成体）にはある環帯がこども（幼体）にはないことや、ふ化したばかりの赤ちゃんでは、体の中にある血管のようすなども観察することができます。

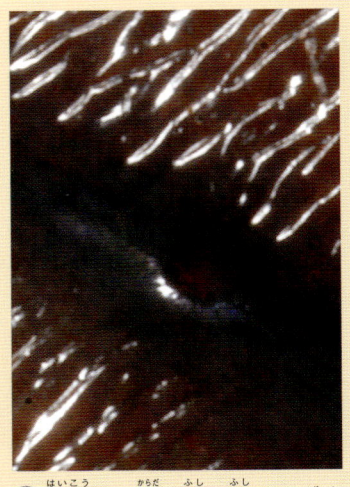

▲背孔は、体の節と節のつぎめの、背中側のまん中にならんでいます。いちばん前の背孔が前から何番目の節にあるかは、ミミズの種類によって、ちがいます。ここから、ねん液を出します。

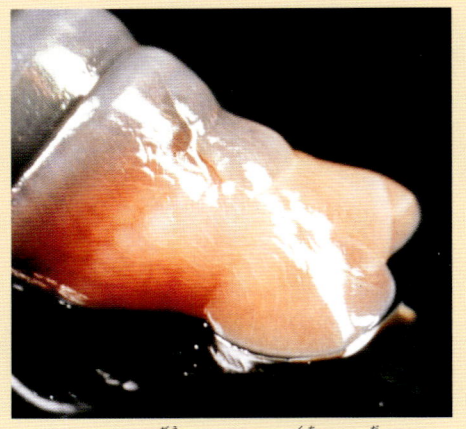

口　背孔

環帯

◀成体腹側
（フトスジミミズ）

雌性孔

▲のどをうら返しにして、口から出しているシーボルトミミズ。

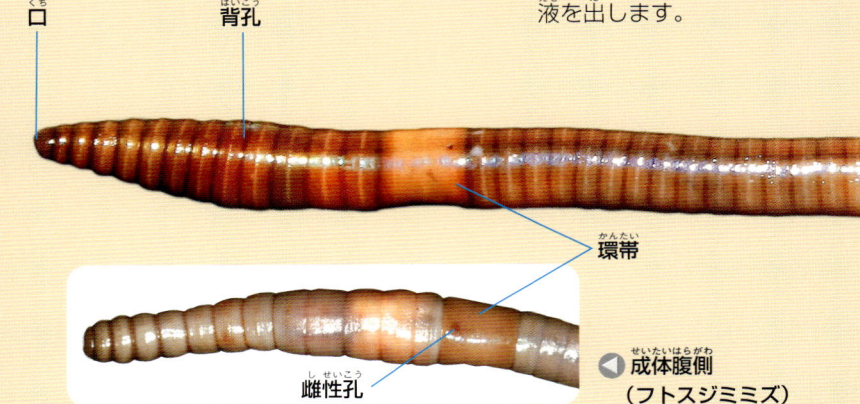

◀▲シマミミズの剛毛は、体の両横と両ななめ下に2本ずつ4か所にはえています。フトミミズのなかまでは剛毛の数がもっと多く、節を巻くように10〜数十本はえています。

雌性孔　雄性孔

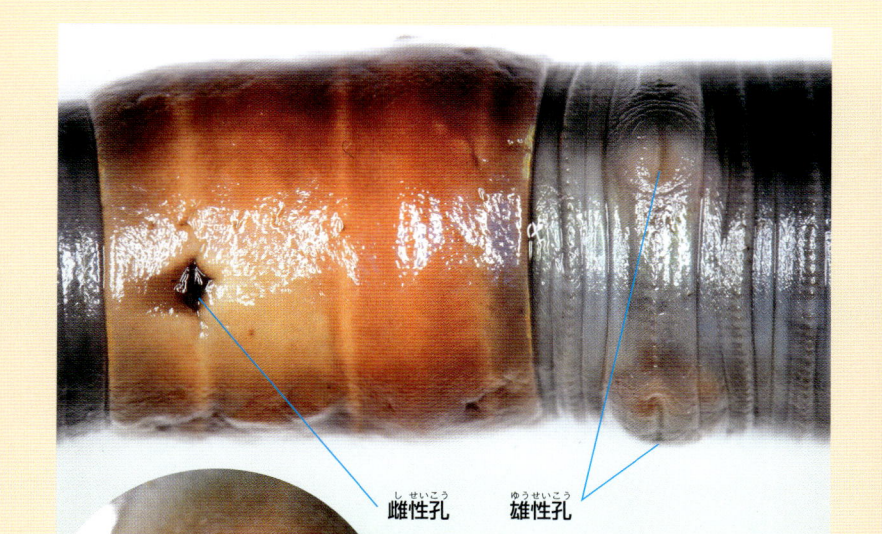

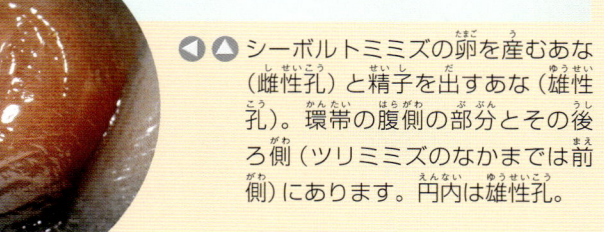

◀▲ シーボルトミミズの卵を産むあな（雌性孔）と精子を出すあな（雄性孔）。環帯の腹側の部分とその後ろ側（ツリミミズのなかまでは前側）にあります。円内は雄性孔。

肛門

▲ シーボルトミミズの肛門。肛門を開閉して、ふんをします。

肛門

▲ 成体背中側（フトスジミミズ）

環帯がない

▶ 幼体（フトスジミミズ）

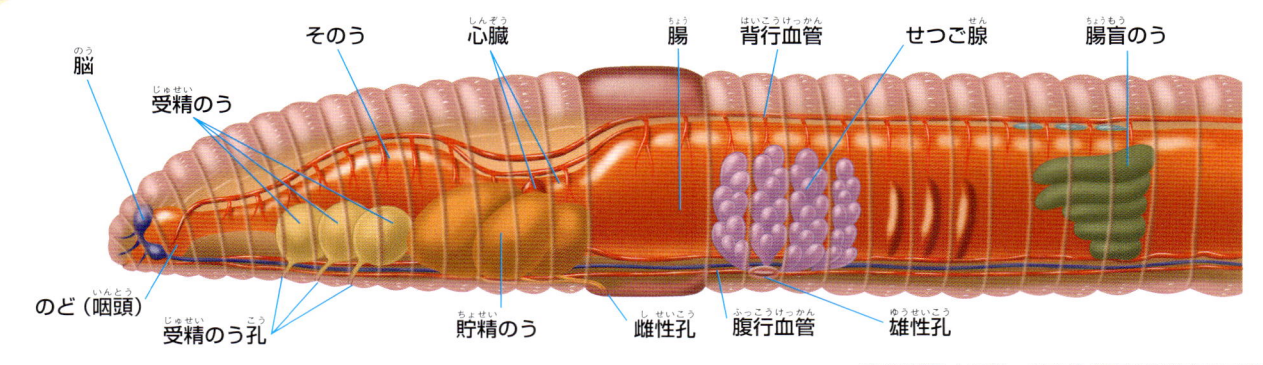

脳　そのう　心臓　腸　背行血管　せつご腺　腸盲のう
受精のう
のど（咽頭）　受精のう孔　貯精のう　雌性孔　腹行血管　雄性孔

（『原色学習ワイド図鑑・水の生物（学研）』などを参考に作図）

▲ フトミミズのなかまの体のしくみ（シマミミズと雌性孔や雄性孔などの位置がことなります）。

57

## かがやくいのち図鑑
## フトミミズのなかま

日本には数百種のミミズがすんでいるだろうといわれています。そのうち、もっとも多くみられるのは、フトミミズのなかまです。

**フトスジミミズ**　フトミミズ科　体長10㎝ほど
日本全国でみられるミミズで、庭や林などの落ち葉の下などにすんでいます。体のしまが太くて、はっきりしています。

**ノラクラミミズ**　フトミミズ科　体長25㎝ほど
東北地方南部より南の本州、四国などに分布し、暖かい地域で多くみられます。林や公園などの落ち葉の下やあさい地中にすんでいます。越冬するミミズで、秋から春にかけても、地上にあらわれます。

**シーボルトミミズ**　フトミミズ科　体長25〜30㎝
本州の中部地方から近畿地方、中国地方、四国、九州などでよくみられるミミズです。山や林の落ち葉の下などにすんでいます。太さは日本最大級で、1.5㎝もあります。体は青黒くて、虹色に光ってみえることもあります。雨の日などに、地面に数十〜数百ぴきもがむれになっていることがあります。円内はしりの部分です。

58

**ヤンバルオオフトミミズ**
フトミミズ科　体長25～40cm
沖縄の山の落ち葉の下などにすんでいる大型のミミズです。日本のミミズではいちばん大きなふんの塔をつくります。

**ヒトツモンミミズ**　フトミミズ科　体長15～20cm
日本各地でみられ、庭や畑のごみすて場、かれ草やわらの下などにすんでいます。個体差もありますが前から8番めの節の腹側に丸くくぼんだ紋があるのが特徴です。

**イイヅカミミズ**　フトミミズ科　体長20～30cm
関東地方の平地や山などでみられる大型のミミズです。石の下や地中のやや深い場所にすんでいます。体長40cm以上になることもあります。

**ニオイミミズ**　フトミミズ科　体長15cmほど
日本各地でみられ、草地やしばふ、畑のまわり、道路のわきなどの土の中にすみ、地面にふんのかたまりをつくります。くさいにおいのするねん液をたくさん出すので、ぬるぬるしています。さわると、とぐろを巻きます。クソミミズとよばれることもあります。

**イソミミズ**　フトミミズ科　体長5～10cm
本州各地の海岸でみられ、打ち上げられた海藻や海草のあいだや、その下のじゃりの中にすんでいます。体から出すねん液は、空気にふれると発光します。

59

## かがやくいのち図鑑
## そのほかのミミズのなかま

日本には、ツリミミズのなかまやジュスイミミズのなかま、ムカシフトミミズのなかまなど、いろいろなミミズがいます。

**シマミミズ**　ツリミミズ科　体長6〜10cm
世界中でみられるミミズで、ごみすて場などでよくみられます。体にはあずき色のしまがあります。釣りえさ用などに養殖されているものは、本来のシマミミズとは別の種類だともいわれています。養殖されているシマミミズはミミズコンポストづくりに利用されたり、漢方薬の原料にも利用されます。

**カッショクツリミミズ**　ツリミミズ科　体長15cmほど
日本各地でみられるミミズで、下水溝のまわりや庭、畑、草地などのあさい地中などにすんでいます。漢方薬の原料にも利用されます。

**キタフクロナシツリミミズ**　ツリミミズ科　体長4〜8cm
北海道や本州などでみられるミミズで、林の落ち葉の下やくさりかけの木の下にすんでいます。体はうす茶色で、ところどころがあずき色です。

**サクラミミズ**　ツリミミズ科　体長4〜11cm
日本各地でみられるミミズで、日本固有種です。水田や草地、しばふ、林、山などのあさい地中にすんでいて、地面にふんのかたまりをつくります。

**ホタルミミズ**　ムカシフトミミズ科　体長3〜5cm
日本では本州と四国、九州の十数か所でみつかっています。庭やしばふなどのあさい地中にすんでいます。体から出すねん液は、空気にふれると発光します。冬に成体がみつかることもあります。

60

**ハッタミミズ**　ジュスイミミズ科　体長30〜50cm
日本一長いミミズで、ぶら下げると60cm以上もの長さになります。東南アジア原産といわれ、日本では石川県と滋賀県の一部の地域だけでみられます。水田のまわりなどにすんでいて、水中を泳ぐこともできます。

△ 手にもったハッタミミズ。太さは1cmほどですが、手などに下げるとするすると体がのびて、さらに細くなります。

**ヒメミミズのなかま**　ヒメミミズ科　体長0.5〜1cm
日本各地でみられるミミズで、庭や畑、林などの土の中にすんでいます。体は半透明です。ミミズコンポストの中などでも、よくみられます。

**イトミミズ**
イトミミズ科　体長5〜10cm
世界各地でみられる水生のミミズで、下水やよごれた用水路などにすんでいます。どろの中から水中へ体を半分だして、水中の酸素を体表にはえているえらから体内にとりこみます。

## 3mの巨大ミミズ

世界のミミズのなかには、ヘビのような巨大なミミズがいます。オーストラリア南東部には直径3cm、長さ3メートル以上になるミミズがいるといわれています。また、南アフリカでは6.6mのミミズがみつかっていて、これが世界最大といわれています。

◁ アフリカのコンゴ共和国でみつかったミクロカエトゥスのなかまのミミズ。

# さくいん

## あ
アオオサムシ ---30
イイヅカミミズ ---14,15,19,36,48,49,59
イソゴカイ ---9
イソミミズ ---9,59
イトミミズ ---9,61
咽頭 ---14,57
オカダンゴムシ ---23,27

## か
カッショクツリミミズ ---16,17,18,19,32,33,49,60
カニムシ ---29
カビ ---14,22,23,24,25,26,27,28,29,63
環形動物 ---9,63
環状筋 ---12
環帯 ---36,37,38,44,56,57
キタフクロナシツリミミズ ---41,46,60
筋肉 ---12,47,63
菌類 ---29
クソミミズ ---18,49,59
クモ ---29
クローン ---45,63
血管 ---34,35,42,43,56,57
原生生物 ---29,63
交接 ---36,37,38,44
剛毛 ---12,13,56
肛門 ---17,56,57
コムカデのなかま ---26
コンポスト容器 ---52,53

## さ
細菌 ---20,22,26,29,63
再生 ---44,45,63
サクラミミズ ---22,30,37,60
ササラダニ ---29
シーボルトミミズ ---8,14,34,36,48,56,57,58
雌性孔 ---36,39,56,57
シデムシ ---29
シマミミズ ---7,9,11,12,13,35,38,40,41,42,43,49,50,51,52,53,55,56,57,60

## 　
縦走筋 ---12
雌雄同体 ---36
受精のう ---36,57
受精のう孔 ---36,37,57
消化酵素 ---46,47
心臓 ---43,57
精子 ---36,39,57
成体 ---37,56,57,60
せつご腺 ---57
ぜん動運動 ---7,12,13,63
そのう ---17,57

## た
タカチホヘビ ---31
ダニ ---22,26,29
「たべる・たべられる」の関係 ---29,30
ダンゴムシ ---22,23,26,29,63
腸 ---17,46,47,57
腸盲のう ---57
ツルギイレコダニ ---26
トゲアリ ---30
トゲトビムシのなかま ---26
土壌生物 ---26,29,63
トビイロケアリ ---47
トビムシ ---22,29

## な
ナメクジ ---26,27
ニオイミミズ ---18,49,59
ねん液 ---8,11,34,35,38,45,56,59,60
脳 ---57
のど ---14,17,56,57
ノラクラミミズ ---5,11,46,58

## は
パームピート ---51,53
背孔 ---34,56
背行血管 ---43,57
バクテリア ---26,63
ハタケミミズ ---7
ハッタミミズ ---61

| | |
|---|---|
| ヒトツモンミミズ | 7,9,49,59 |
| ふ化 | 41,42,51,56 |
| 腹行血管 | 57 |
| フトスジミミズ | 7,9,30,37,56,57,58 |
| フトミミズ | 19,47,49,56,57,58,59 |
| ふん | 14,16,17,18,19,20,21,22,26,29,30,40,41,48,49,50,52,57,59,60 |
| ふんの塔 | 19,49,59 |
| ホタルミミズ | 45,60 |

**ま**

| | |
|---|---|
| マクラギヤスデ | 27 |
| ミクロカエトゥス | 61 |
| ミゾゴイ | 31 |
| ムカデ | 22,26,29,63 |

**や**

| | |
|---|---|
| ヤスデ | 23,26,27,29,63 |
| ヤマトヒメミミズ | 44,63 |
| ヤンバルオオフトミミズ | 59 |
| 雄性孔 | 36,37,57 |
| 幼体 | 5,19,35,37,42,43,51,56,57 |

**ら わ**

| | |
|---|---|
| 卵包 | 38,39,40,41,42,43,51 |
| リュウキュウアオヘビ | 31 |
| ワラジムシ | 26 |

# この本で使っていることばの意味

**環形動物** 背骨をもたない動物（無脊椎動物）のグループのひとつ。体のつくりは、筒のような節がたくさんつながったチューブのような形をしています。世界に約1万5000種ほどがいます。海水産のものが多いですが、淡水産のものや湿地、地中などでくらすものもいます。ミミズのなかま（貧毛類）とゴカイのなかま（多毛類）、ヒルのなかま（ヒル類）などに大きく分けられます。

**クローン** 親とまったく同じ遺伝情報をもっている個体や細胞の集まりのこと。ヤマトヒメミミズのように、1ぴきのミミズの体がいくつもに分かれて、それぞれの断片が再生してそれぞれ1ぴきのミミズになった場合、そのミミズはすべて元になったミミズと同じ遺伝情報をもつクローンとなります。

**原生生物** 生物を大きく5つのなかまに分けたときのグループのひとつ。動物、植物、細菌、キノコやカビのグループに入らない、さまざまな生物のあつまりです。代表的なものに、ゾウリムシやミドリムシ、アメーバ、ケイソウ、変形菌、藻類などがあります。水の中や水を多くふくんだ土の中にすむものが多く、肉眼でやっとみえるかみえないほど小さなものがほとんどです。しかしなかには、コンブやテングサなど、体が大きなものもいます。

**細菌** 肉眼ではみえないほど小さく、体が1つの細胞からできている生物で、バクテリアともいいます。とても種類が多く、地球上のあらゆる場所にすんでいます。かれた植物や死んだ動物、いろいろな動物のふんなどを利用してふえるものや、動物や植物の体表や体内にすみついて栄養をもらうもの、土や水にふくまれる物質を利用して自分で栄養をつくりだすものがいます。また、病気の原因になるものや、納豆やヨーグルト、チーズ、酒などをつくるために利用されるものもあります。

**再生** 生物の体の一部分がうしなわれたとき、うしなわれた部分があらたにつくられること。この本で紹介したヤマトヒメミミズのほか、アメーバやプラナリアなどは、体をいくつかに切り分けても、それぞれの部分が再生して、完全に元どおりになるので、数がふえます。カニやトカゲ、昆虫などでは、あしや尾がとれた場合、成長する過程でとれた部分が再生しますが、とれたあしや尾は死んでしまって再生はしないので、再生によって数がふえることはありません。

**ぜん動運動** 筋肉などはたらきで体をのびちぢみさせた、その動きを波のようにつたえていくような運動方法。ミミズなどの移動するときの動きや、食物を先へと送るときの動物の消化管などの動きなどが代表的なぜん動運動です。

**土壌生物** 落ち葉の中や下、土の中でくらす生物。モグラやトカゲ、ヘビなど大型の動物から、ミミズや、昆虫、ダンゴムシ、ムカデやヤスデなど小型の動物、細菌やキノコ、カビ、原生生物など、ひじょうに小さな生物まで、さまざまな種類がいます。このなかには、土をたがやしたり、動物の死がいやかれた植物を土にもどすはたらきのたすけをしているものが、たくさんいます。人間の活動による自然の変化の影響をうけやすく、その場所にすんでいる種類数がへったり、すむ種類が入れかわったりします。

NDC 483
皆越ようせい
科学のアルバム・かがやくいのち 13
ミミズ
土をつくる生き物
あかね書房 2013
64P 29cm × 22cm

- ■監修　中村好男
- ■写真　皆越ようせい
- ■文　大木邦彦（企画室トリトン）
- ■編集協力　企画室トリトン（大木邦彦・堤 雅子）
- ■写真協力　ネイチャー・プロダクション
  - p31上　和田剛一
  - p31下　関 慎太郎
  - p61右下　Bruce Davitson（Nature Picture Library）
  - p44・p45下6点　中村好男
- ■イラスト　小堀文彦
- ■デザイン　イシクラ事務所（石倉昌樹・隈部瑠依）
- ■撮影協力　（株）共栄総合食販・（有）相模浄化サービス・井上美佐子・皆越南椰
- ■協力　白岩 等
- ■参考文献
  - NAKAMURA Yoshio (2004).The Relation of Fragmentation Frequency to Fragment Number in Enchytraeus japonensis NAKAMURA, 1993 (Oligochaeta, Enchytraeidae) cultured Several Years under Laboratory Conditions. 愛媛大学農学部紀要. vol.49, p.19-26.
  - 中学校理科「生物の成長とふえかた」無性生殖におけるヤマトヒメミミズの教材化. 西野秀昭（2010）.科教研報 Vol.25 No.2, p.111-116.
  - 奈良先端科学技術大学院大学バイオサイエンス研究室ホームページ，生殖細胞は再生する！謎の機構を世界で初めてミミズで解明　http://bsw3.naist.jp/achievements/index.php?id=139
  - 「ミミズー嫌われものの　はたらきもの」（2003），渡辺弘之，東海大学出版会
  - 「あなたの知らないミミズのはなし」（2007），文・山村紳一郎／監修・中村方子／写真・皆越ようせい, 大月書店.
  - 「ミミズのはたらき」（2011），編著・中村好男, 創森社.
  - 「だれでもできる楽しいミミズの飼い方ーミミズに学ぶ循環型社会」（2003），編・グローバル・スクール・プロジェクト／監修・中村好男, 合同出版.
  - 「そだててあそぼう37ー土の絵本2　土のなかの生きものたち」（2002），編・日本土壌肥料学会, 農漁山村文化協会.
  - 「ダンゴムシ・ワラジムシガイドブック 野外へでてみつけてみよう」（2004），ミュージアムパーク茨城県自然博物館・独立行政法人国立科学博物館

科学のアルバム・かがやくいのち 13
ミミズ 土をつくる生き物

初版発行 2013年3月1日

著者　皆越ようせい
発行者　岡本雅晴
発行所　株式会社　あかね書房
　　　　〒101-0065　東京都千代田区西神田3－2－1
　　　　03-3263-0641（営業）　03-3263-0644（編集）
　　　　http://www.akaneshobo.co.jp
印刷所　株式会社 精興社
製本所　株式会社 難波製本

©Nature Production, Kunihiko Ohki. 2013 Printed in Japan
ISBN978-4-251-06713-5
定価は裏表紙に表示してあります。
落丁本・乱丁本はおとりかえいたします。